視為當然的現象 也有其道理

用力學解釋生活中的種種運動

大家都聽過的「牛頓力學」（Newtonian mechanics）是可以用來解釋日常生活中「物體運動」的一套理論。

假設我們要從東京往西移動。由於地球是由西向東自轉，如果在東京搭上熱氣球，並讓它保持在空中漂浮不墜的話，直覺上好像可以自動地往西邊移動。然而實際上是無法辦到的，為什麼呢？

熱氣球

可以自動向西移動嗎？

自轉方向

只要氣球保持在空中漂浮不墜，就可以利用地球的自轉向西移動？

我們只要邁開腳步就能向前移動，又是為什麼呢？是什麼樣的「力」推著我們的身體向前呢？相反地，在滑溜溜的冰上，就算想走也很難向前移動。這又是為什麼呢？

月球和地球上的蘋果一樣，都難逃地球重力（萬有引力）的影響。但是為什麼月球不會像蘋果那樣往地球掉落下來呢？

解開這些問題的關鍵，就藏在「3大運動定律」裡。說得更具體一點，也就是「慣性定律」、「運動方程式」、「作用與反作用定律」這三個定律。若是能掌握要點，就不會覺得很困難。從下一頁開始，就透過具體的例子來了解力學的基本觀念吧。

月球為何不會掉到地球上？

走路時將我們向前推的「力」是什麼？

往下掉的蘋果

移動中的物體終究會停下來是真的嗎？

2000多年來所深信的「常識」真相

在力學（牛頓力學）的概念中，與大多數人「常識認知」不一致的情況是很常見的，請務必擺脫「常識」的拘束來閱讀以下的內容。首先讓我們來介紹「慣性定律」。

所謂慣性定律是指下述狀況，亦即「在不施加外力的情況下，靜止的物體會保持靜止，運動中的物體會維持同樣的速度與方向繼續前進」。

但我們馬上就碰到與上述相違背的情況了。如果用手指推動放在桌上的書，書卻只移動少許就立即停止。並

「若要讓物體持續運動，就需要持續地對它施力」這個錯誤的想法，以古希臘的亞里士多德為首，世人奉為圭臬竟超過2000年的時間。亞里士多德學派認為，弓箭會飛是因為空氣不斷地推動著它。

是空氣在推動弓箭嗎？
（錯誤）

沒有像慣性定律說的那樣，以相同速度朝著同一個方向繼續前進。不只是書本，生活周遭的許多物體都是如此，就算我們使勁推動，它也會馬上停下來。

實際上，這是因為受到「摩擦力」與「空氣阻力」等因素在阻擋物體的運動（詳情請見第38頁），才難以觀測到慣性定律。

亞里士多德
（Aristotle，西元前384～前322）

實際上，就算不持續施力，物體也會以同樣的速度筆直前進

石材冰壺

從斜面上
把球推下去

伽利略所進行的是
什麼實驗？

發現這個慣性定律「違反常識認知」的人，是義大利的科學家伽利略（Galileo Galilei，1564～1642）。

伽利略首先進行如右圖 1 所示的實驗。他在左邊的斜面 A 上放一顆球並讓它滾落，之後球會滾到右邊的斜面 B 上。我們假設斜面是光滑的，並且摩擦力可以忽略不計。這種情況下，球在斜面 B 上所到達的高度，會與它在斜面 A 上滾落的起點相同。除此之外，像右圖 2 那樣，即使改變斜面 B 的傾斜角度，球仍然會爬升到最開始的高度。

伽利略注意到了這項實驗所呈現的事實。後續請見第 8 頁。

斜面A

伽利略

1. 伽利略的實驗

球會爬升到與原本位置相同的高度
（實驗結果）

斜面 B

光滑到可以忽略摩擦力

2. 伽利略的實驗
（改變斜面 B 的角度）

就算改變斜面 B 的角度，球仍會爬升到
與原本位置相同的高度（實驗結果）

從斜面實驗的結果發現了「慣性定律」

若以斜面B的角度為0來思考，則會如何？

做完斜面滾球試驗後，伽利略進行了一場思考實驗。也就是說，他在腦海中操作實驗。

伽利略在腦中想像斜面B的傾斜程度不斷減緩的情況下，因為不管斜度如何減緩，球都會回到與起點位置相同的高度，所以當坡度越來越趨緩，球應該會滾動到越來越遠的地方。

最後，當斜面B變成水平沒有坡度時，球就會永遠在這個水平面上筆直前進。也就是說，雖然沒有受到任何

伽利略的思考實驗（發現慣性定律）

力，球卻沿著水平方向繼續滾動。
　這正是所謂的慣性定律。伽利略透過這樣的思考實驗，最後歸納出慣性定律。

若斜面B的傾角為0，
球應該會永遠的滾動下去
（基於實驗結果的推測）　　➡️　**慣性定律**

此外，伽利略所提出的想法其實是「在不受力的情況下，運動中的物體會不斷進行圓周運動」。舉例來說，由於地球是球體，上圖中的球若是繼續滾動下去，最終應該會變成圓周運動。「在不受力的情況下，運動中的物體會筆直前進」這個更加正確的結論，其實是法國的笛卡兒（René Descartes，1596～1650）最先提出的。

「速率」與「速度」大不同

所謂的速度，也包含「方向」的概念

在物理學中，「速率」與「速度」是不一樣的。比如說寫成時速100公里的時候，速率代表的是該物體在一定時間內移動（運動）的距離。另一方面，「速度」則包含了運動的方向。比如朝著西南方每小時走100公里，就是一種速度的表現。

重點是，就算是同個物體的運動，也會根據觀察的人（觀測者）不同而觀察到不同的速度。若是在一班以時速100公里向右行駛的列車上，有人以時速100公里向右投出一顆球，以

時速 200 公里的快速球

列車速度
（時速100公里）

球

列車上乘客
觀察到的球速
（時速100公里）

車外靜止的人

列車速度
（時速100公里）

列車上乘客觀察到的球速
（時速100公里）

車外靜止觀察者看到的球速
（時速200公里）

列車外靜止的人眼中看來，球的速度就會變成向右時速200公里。

　　相反地，若是這位投球者以時速100公里向左投球，則車外靜止者就會看到球的水平速度變成 0。此時，由於重力作用，車外觀察者會看到球垂直朝下掉落。

投出的球會向下掉落

列車速度
（時速100公里）

球

列車上乘客
觀察到的球速
（時速100公里）

車外靜止的人

列車上乘客
觀察到的球速
（時速100公里）

列車速度
（時速100公里）

0

車外靜止觀察者看到的球速
（時速 0公里）

把拋物線運動拆開來討論

拋物線運動是由簡單的運動所組成

站在地上朝前斜上方投出一顆球時，會形成「拋物線運動」。

由於球本身會受到重力的影響，軌跡會形成一條稱為「拋物線」的曲線。這個運動可以拆成垂直方向與水平方向來討論。如下圖所示，我們也把速度「分解」成兩個方向來討論。

眾所周知，重力會將物品往下拉。也就是說，球雖然在垂直方向受到重力的拉扯，但水平方向卻沒有受到任何力。因此球在水平方向會遵循慣性

從「正後方」來看，可以觀察到垂直方向的「上升然後落下運動」

投球！

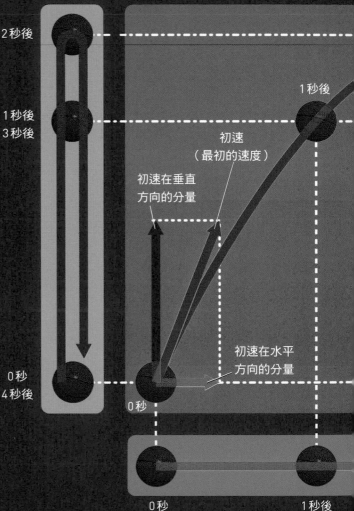

2秒後

1秒後
3秒後

0秒
4秒後

1秒後

初速
（最初的速度）

初速在垂直方向的分量

初速在水平方向的分量

0秒

0秒

1秒後

定律，維持同樣的速度朝前行進，作「等速直線運動」。

另一方面，若忽略水平方向單獨來看垂直方向的運動，則是受到重力影響而進行「上升然後落下的運動」。

因此，所謂拋物線運動，其實就是由兩種運動組合而成：垂直方向的上升然後落下運動，以及水平方向的等速直線運動。

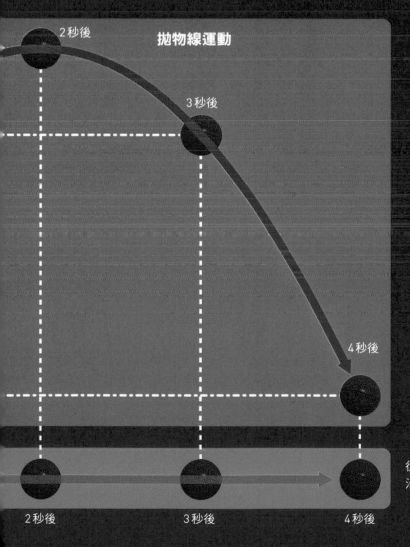

拋物線運動

2秒後

3秒後

4秒後

從「正下方」來看，可以觀察到沿著水平方向的等速運動

2秒後　　　　　3秒後　　　　　4秒後

為什麼朝正上方丟出去的球會回到手中？

地球的自轉與公轉會帶來什麼影響？

在赤道所測量到的地球自轉速率為時速1700公里，公轉速率為時速10萬7000公里。由於地球正在運動，如果朝頭頂正上方拋擲球，以直覺來思考，球應該會被地球的運動給甩開，朝身後（地球運動的反方向）飛出去才對。但事實上這種情況卻不會發生，為什麼呢？

讓我們把地球代換成列車來思考。列車在平坦的地形馳騁，會以相同的速度向前行進。這個時候，如果在車

因為地球正在移動，向頭頂正上方拋出的球
沒有辦法回到手中？

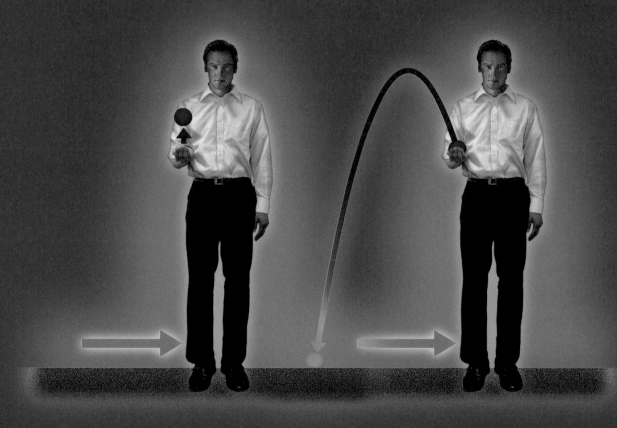

廂裡朝正上方車頂拋出一顆球，則球應該會落回車中原本的位置。但從列車外靜止的人眼中看來，球會朝著斜上方飛掠而過，畫出像是拋物線運動一般的軌跡。

再回到地球自轉與公轉的話題。雖然地球會自轉、公轉，但站在地球上的人及其手上拿的球，都隨地球以相同的速度運動著。那麼，就與在列車上拋球的情況一樣，站在地球上朝頭頂正上方擲出一顆球，該球也會回到

拋擲者的手中。

在列車中朝頂上拋球
（車上乘客觀察到的情況）

球會回到手中

列車上的
觀察者

在列車中朝頂上拋球
（車外靜止觀察者看到的情況）

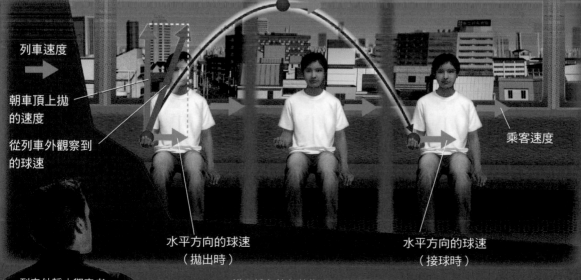

列車速度

朝車頂上拋
的速度

從列車外觀察到
的球速

乘客速度

列車外靜止觀察者

水平方向的球速
（拋出時）

水平方向的球速
（接球時）

橫向粉色箭矢的指向、長度都相同

牛頓的靈光乍現與「奇蹟年」

本書所介紹的牛頓力學，是17世紀英國科學家牛頓（Isaac Newton，1642～1727）所確立的理論。就算將牛頓力學稱為整個物理學的起點也不為過。他繼承了伽利略等先輩諸賢對物體運動的研究成果，並以此為基礎進行歸納與進一步的拓展，終於使牛頓力學問世。

在牛頓23歲的時候，英國爆發了一場鼠疫流行病。當時他所就讀的劍橋大學被迫關閉，於是只好暫時回到故

萬有引力定律

指的是「任何成對物體，都會以與重量（質量）相應大小的力互相吸引」。G是常數，又稱為萬有引力常數。

$$萬有引力 = G\frac{Mm}{r^2}$$

質量 m

萬有引力

距離 r

質量 M

鄉伍爾索普。在1665～1666年這段期間，牛頓開創了足以名列科學史冊的豐功偉業。

這些影響深遠的作為，包括為牛頓力學打下根基的「萬有引力定律」（詳情請見第50頁～）的發現，日後於牛頓力學等物理學領域中廣泛使用的數學工具 ——「微積分學」基礎之確立，以及關於太陽光的重大發現，都是在此時期完成的。

因此之故，這段時期又被稱作「奇蹟年」（Annus mirabilis）。

微積分學

所謂的微積分學，是用來求算圖形中的切線傾角（斜率）或面積等數值所使用的數學。若是能得知物體速度隨時間變化的圖形（右），則透過微積分學，就可以求得物體的加速度（紅線的傾角）與移動距離（藍色部分的面積）。

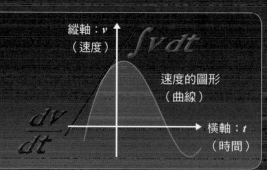

縱軸：v（速度）

$\int v \, dt$

速度的圖形（曲線）

$\dfrac{dv}{dt}$

橫軸：t（時間）

牛頓

白光之中聚集了無數種顏色

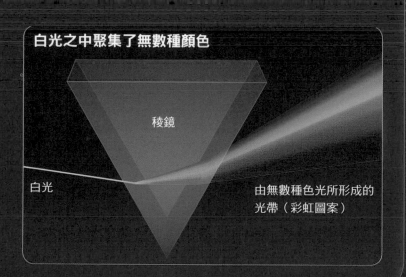

稜鏡

白光

由無數種色光所形成的光帶（彩虹圖案）

鐵球和羽毛原本應該以相同的速度下落

探究「力」的本質

從這裡開始要來介紹「運動方程式」，這是指「力＝質量×加速度」這個算式。理解運動方程式，就能讓我們更進一步了解力的本質。首先就來思考「重力（也就是引力）」吧！

　　古希臘的亞里士多德認為「物體越重則掉落越快」。比如說，相較於輕飄飄的羽毛，沉重鐵球的墜落速度明顯要更為快速，因此，這種直覺的想法說不定是正確的。

越重物體掉落的越快？

沉重的鐵球　　　　　　輕盈的木球

亞里斯士德的錯誤想法，長久以來被當成事實。

如果將重球與輕球連接一起後再讓它落下呢？
（伽利略的思考實驗）

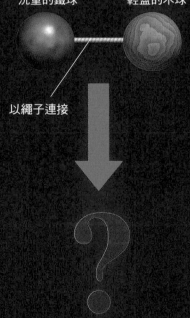

沉重的鐵球　　　　輕盈的木球

以繩子連接

是「由於輕球可以幫忙減速，因此下落速度比只有重球時要來得慢」，還是「由於兩球的合計重量比只有重球時更重，因此應該會更快落下」，這兩種想法似乎都合理，但卻又彼此矛盾。

然而，伽利略進行了左頁圖中的思考實驗後，得出以下的結論：「物體越重則掉落越快」其實是錯誤的。他也主張「鐵球和羽毛原本應該以相同的速度下落。但羽毛掉落的速度比較慢，是由於它所受到的空氣阻力較強。如果是在真空的環境中，鐵球和羽毛兩者的掉落速度應該會一樣才對。」這個想法日後也經真空中的實驗得到證實。

後續論述請見下一頁。

如果是在真空的環境中，鐵球和羽毛的掉落速度應該會一樣

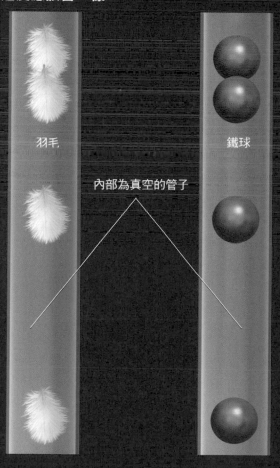

羽毛

鐵球

內部為真空的管子

何謂3大運動定律？

第1定律：慣性定律
詳見第4～15頁

第2定律：運動定律（運動方程式）
由此開始介紹

第3定律：作用與反作用定律
詳見第42～45頁

重力會增加物體的速度

物體邊掉落邊增加速度

伽 利略決定實際測量物體落下時的狀況。然而，由於下落速度太快了，直接測量非常困難。於是，他先進行球從斜面上滾落的實驗。

伽利略記錄球在固定時間間隔通過的位置，並得出以下結論：「球的移動距離與所經過的時間平方成正比（自由落體定律）。」如果 1 秒後到達的距離是 1，2 秒後就會到達 4（＝2^2），3 秒後會到達 9（＝3^2）。不論斜面的角度如何改變，甚至是變成自由落體（斜面的角度為90度），這個定律都能夠適用。

從斜面上滾落的球，隨著經過的時間越長，1 秒內移動的距離也會變長。這代表物體的速度正在增加（處於加速狀態）。也就是說，重力讓物體的運動速度不斷增加。

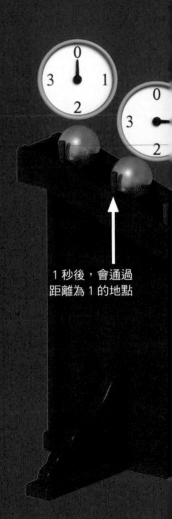

1 秒後，會通過距離為 1 的地點

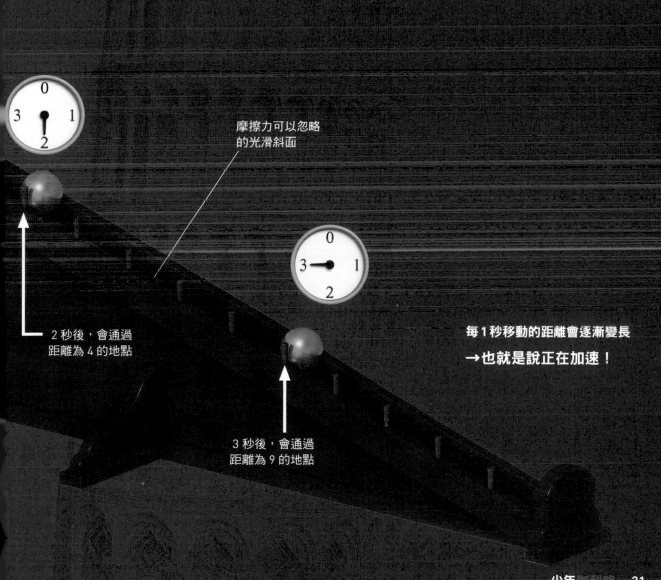

摩擦力可以忽略
的光滑斜面

2 秒後，會通過
距離為 4 的地點

3 秒後，會通過
距離為 9 的地點

每 1 秒移動的距離會逐漸變長

→ 也就是說正在加速！

「力」就是「改變物體速度的東西」

變化的背後總有力的存在

所謂的力究竟是什麼呢？亞里士多德認為，力就是「速度」的根源。他認為「運動速度越快的物體，就承受著越大的力」。不過根據慣性定律，這個想法其實是錯的。

若把慣性定律反過來講的話，速度（速率與前進方向）如果改變，就代表物體一定受到了力的作用。也就是說，物理學中的力指的是「改變物體速度（速率與前進方向）的東西」。

自由落體的速度會改變，是因為受到力（重力）的作用。另外，地球繞

若把慣性定律反過來講……

在不施以外力的情況下，靜止的物體會保持靜止，運動中的物體會維持
一樣的速度與方向繼續前進（慣性定律）

物體的速度（速率與前進方向）若是發生改變，表示該物體正承受著力的影響

速率改變的例子

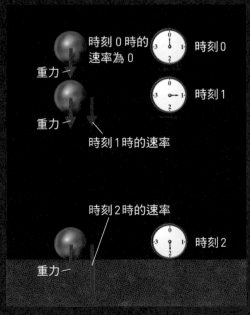

時刻 0 時的速率為 0

時刻 0

重力

時刻 1

時刻 1 時的速率

重力

時刻 2 時的速率

重力

時刻 2

前進方向改變的例子

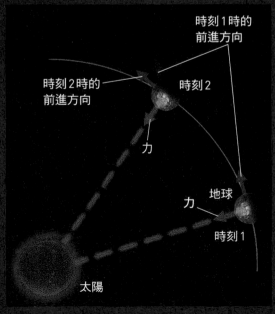

時刻 1 時的前進方向

時刻 2 時的前進方向

時刻 2

力

力　地球

時刻 1

太陽

著太陽進行圓周運動（公轉）時，前進方向是不斷在改變的，這代表地球也受到了力的作用。

力與物體的重量（質量）有著密切的關係。舉例來說，打保齡球的人在投擲較重的球時，需要用上比較大的力。一般而言，越重的物體改變速度時所需要的力就會越大。

越重的物體改變速度時，所需要的力就會越大

輕盈（質量較小）的球

沉重（質量較大）的球

相對用上較小的力

相對用上較大的力

「加速度」到底是什麼？

一秒內「速度」會有多少變化？

在這個單元中，我們將討論運動方程式（力＝質量×加速度）裡的「加速度」。就像前一頁所述，如果物體受力，其速度（速率與前進方向）就會改變。這種運動稱之為「加速度運動」。所謂的力，也可以理解為「引起加速度運動的東西」。

加速度的定義是 1 秒（單位時間）中速度的變化量，可以透過「速度的變化÷經過時間」來求得這個數值。以下我們會藉由車子行駛的例子來說明。另外，加速度也可用來表示減速

加速度運動

第0秒　　　第1秒

第2秒

秒速0公尺　　秒速2公尺
（第0秒）　　（第1秒）

秒速4公尺
（第2秒）

秒速0公尺
（第0秒）

1秒內增加的速度為
秒速2公尺＝加速度2公尺/秒²

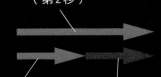

秒速2公尺
（第1秒）

1秒內增加的速度為
秒速2公尺＝加速度2公尺/秒²

0公尺

5公尺

的情況。

　　就算速率不改變，如果前進方向改變，我們也會稱它為加速度運動（比如圓周運動）。加速度運動泛指所有「箭矢」（表示速度的記號）發生改變的運動。

　　從運動方程式可得知，若要讓一物體的加速度變成 2 倍，就需要施予 2 倍大的力。加速度越大，就代表施加在物體上的力越大。力的大小與加速度的大小成正比。

車子下方的兩列箭矢中，上列粉色箭矢表示該時刻的速度，下列粉色箭矢表示1秒前的速度，較深的紅色箭矢則表示加速度。

若從這裡開始減速……

第3秒　　　　　　　　　　　　　　　　　　　　　　第4秒

秒速6公尺
（第3秒）

秒速4公尺
（第4秒）

1秒內增加的速度為
秒速 －2公尺＝加速度 －2公尺/秒^2

秒速4公尺
（第2秒）

1秒內增加的速度為
秒速2公尺＝加速度2公尺/秒^2

秒速6公尺
（第3秒）

移動距離

10公尺　　　　　　　　　　　　　　　　　　　　　　15公尺

從加速度可以得知
物體運動的狀態

某時刻的速度或位置
可由計算求得

若是知道加速度，就能得知物體在某一時刻的速度或位置。

當加速度 a（常數）的值為已知，物體在時刻 t 時的速度 v，可由以下公式求得。

$v = v_0 + at$　（v_0 為初速度）

另外，物體的位置（移動距離）可以用以下的公式求得。

$x = v_0 t + \frac{1}{2}at^2$

由此可見，只要知道物體的加速度，就能接著求得運動中的許多細節。自由落體或是向上投擲等等運動，也都可以將以上算式變形來求得物體的速度與位置。

速度與位置的基本公式

速度 $v = v_0 + at$

位置 $x = v_0 t + \frac{1}{2}at^2$

v 為速度，v_0 為初速度，a 為加速度，t 為時刻，x 為位置（移動距離，位置座標）。

以加速度為出發點，可以算出物體在某一時刻的速度或位置座標（到達地點）

自由落體運動中速度與位置的公式

速度 $v = gt$

位置 $y = \dfrac{1}{2}gt^2$ （y 為垂直方向之位置座標）

自由落體運動中，其初速度（v_0）為 0，且受到朝下的重力加速度（g）影響。另外，在此情況下，一般會以下方為正。

自由落體

朝頭頂正上方拋擲時速度與位置的公式

速度 $v = v_0 - gt$

位置 $y = v_0 t - \dfrac{1}{2}gt^2$

往上拋擲的物體有一初速度 v_0。另外，若是令上方為正，則方向朝下的重力加速度可以 $-g$ 表示。

朝頭頂正上方拋擲

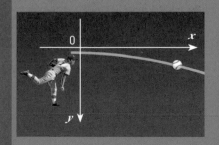

水平投擲時可以分成垂直與水平兩個方向的運動來討論。

水平投擲

水平投擲時，水平方向之速度與位置的公式
（等同於符合慣性定律的等速直線運動）

水平方向的速度 $v_x = v_0$

水平方向的位置 $x = v_0 t$

水平投擲時，垂直方向之速度與位置的公式
（等同於自由落體，下方為正）

垂直方向的速度 $v_y = gt$

垂直方向的位置 $y = \dfrac{1}{2}gt^2$

力的強弱與質量、加速度的大小成比例

注意「重量」與「質量」的差別

「**重**量」會因位置的不同而改變。無重力狀態※下的國際太空站（International Space Station，ISS），站內任何物體的重量都是零。所謂重量是指物體所承受的重力大小。另一方面，「質量」是用來表示「移動物體之困難程度（加速難易度）」的數值。即使是在ISS這樣的無重力狀態下，質量較大的物體仍較不易移動，使其移動（加速）時所需要的力也較大，這點與地球上相同。質

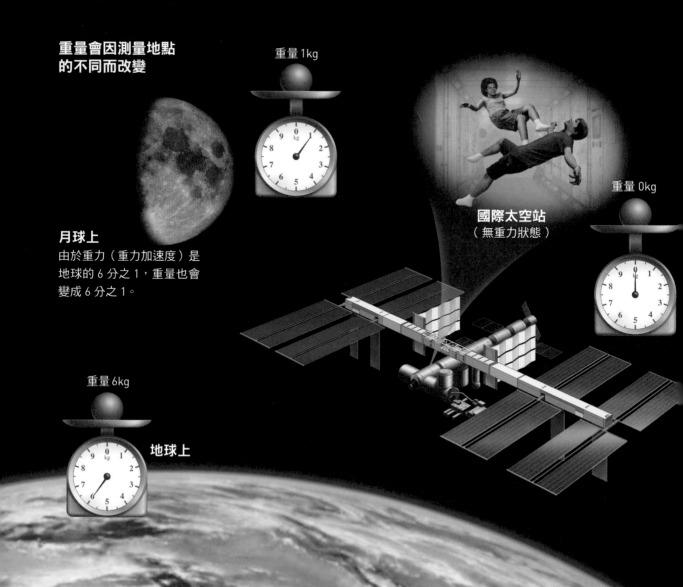

重量會因測量地點的不同而改變

重量 1kg

月球上
由於重力（重力加速度）是地球的 6 分之 1，重量也會變成 6 分之 1。

國際太空站
（無重力狀態）

重量 0kg

重量 6kg

地球上

量（移動物體的困難程度）不管到哪裡都會維持不變。

於是，就如前言，想讓質量越大的物體加速，所需要的力就越大。而施加的力越大，物體獲得的加速度就越大。將這兩件事合併起來，就能得到「力＝質量×加速度」這樣的運動方程式。這個方程式能幫助我們對生活中一知半解的「力」有更深的認識。

※：若是將ISS這樣的環境稱為「無重力狀態」，可能會遭誤解為「未受到萬有引力」作用的狀態，因此不少人也會用「無重量狀態」。

無重力狀態下，不論是乒乓球或是鉛球，置於掌中都不需要施力

鉛球

乒乓球

就算是在無重力狀態下，鉛球仍然比乒乓球更不易移動（不管到哪裡質量都不變）

乒乓球

若以相同大小的力推動兩者，由於鉛球更不易推動（質量較大），因此加速度會越來越小。

鉛球

運動方程式

$$F=ma$$

力　　　　　　　　質量　　　加速度

每顆行星上的重力強度都不相同

由實驗可以得知，地球上物體下落時的加速度（重力加速度）是9.8 $[m/s^2]$。然則太陽系其他行星上的重力加速度又是多少呢？右圖以地球的重力加速度大小為基準，將各行星上的重力加速度以地球的倍數來表示。另外，重力加速度的大小都統一採用該星球赤道面上的數值。

如同第50頁所介紹，「萬有引力」會隨著物體重量加大（質量變大）而變得更強。從這點來思考的話，質量比地球更大的行星上，重力加速度的值似乎也應該要更大才對。然而萬有引力又有「隨距離增大而大幅變弱」的特性，因此半徑比地球大的行星，在行星表面產生的重力加速度也會跟著變小。

比如說木星質量雖約為地球的318倍，但半徑卻是地球的11倍左右，因此重力加速度只有地球的2.37倍，而土星的質量雖然約是地球的95倍，但由於半徑約是地球的9倍，因此其行星表面的重力加速度甚至比地球還要小一些。另外，重力加速度的數值也包含各行星自轉所產生之「離心力」（centrifugal force）的影響。

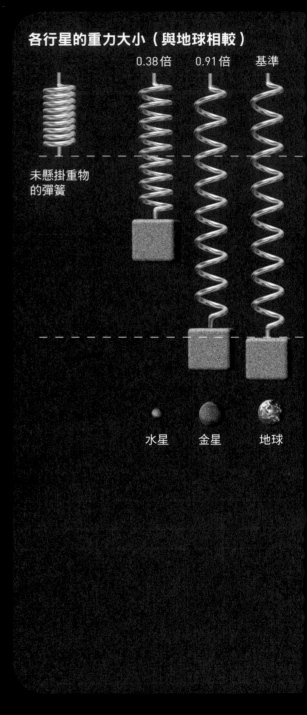

各行星的重力大小（與地球相較）

0.38倍　0.91倍　基準

未懸掛重物的彈簧

水星　金星　地球

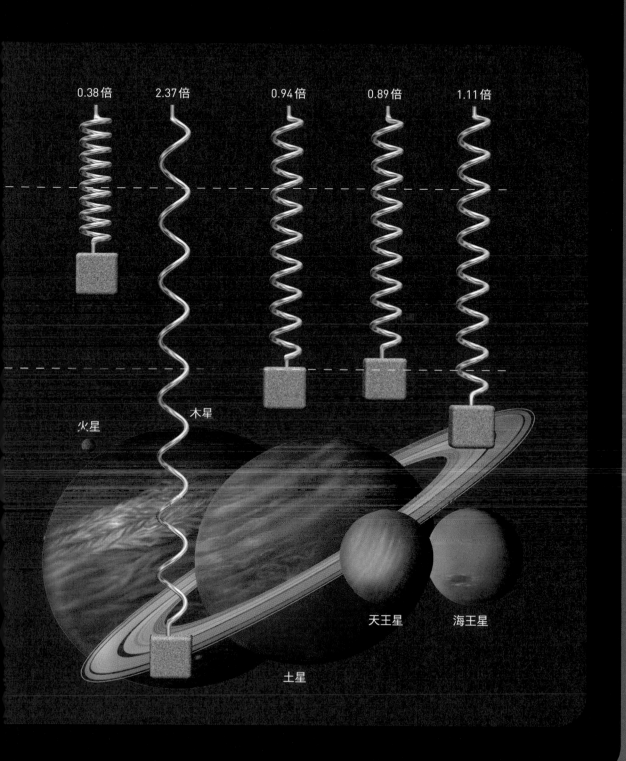

0.38倍　　2.37倍　　　0.94倍　　　0.89倍　　　1.11倍

火星

木星

天王星　　海王星

土星

多虧空氣阻力，
雨打在身上也不痛

空氣阻力與重力
互相平衡

下落的水滴除了「重力」之外，也受到「空氣阻力」的作用。在這種情況下，可以透過加法（箭矢疊加，參見下一單元）來計算這兩道力的「合力」。

如果雨滴自 2 公里高的地方向下掉落，在沒有空氣阻力的情況下，會以每秒200公尺的高速落到地面。就算是雨滴，速度變得這麼快也是很危險的……。幸好有空氣阻力的存在，才不會讓我們受傷。

水滴下落所承受的兩種力

兩力之合力的求法

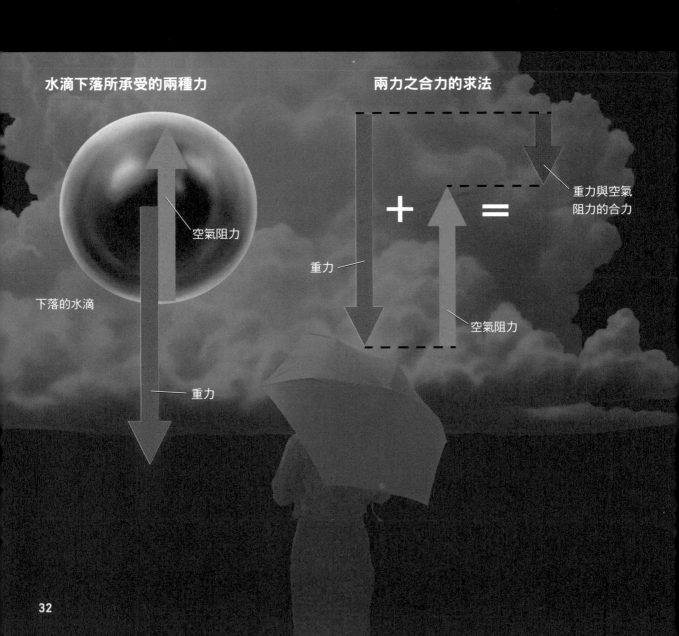

空氣阻力

下落的水滴

重力

重力

空氣阻力

重力與空氣阻力的合力

空氣阻力特性之一，就是會隨物體速度的增加而增強。當雨滴一邊下落一邊加速時，所受到的空氣阻力也會隨之快速增強，最後來到與重力一樣的強度。兩者互相抵消，合力為零，實質上就和物體不受力是一樣的（力平衡）。

此後，達到力平衡的雨滴便遵循慣性定律，保持該時間點的速度（終端速度）而繼續掉落下來。

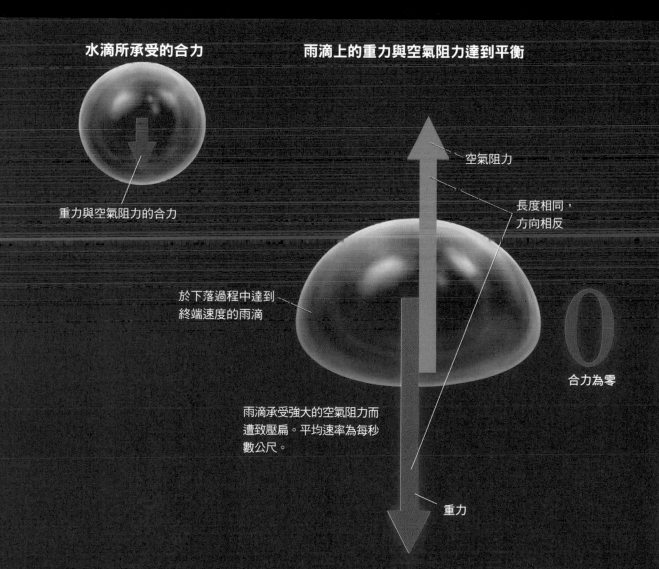

水滴所承受的合力

雨滴上的重力與空氣阻力達到平衡

重力與空氣阻力的合力

空氣阻力

長度相同，方向相反

於下落過程中達到終端速度的雨滴

合力為零

雨滴承受強大的空氣阻力而遭到壓扁。平均速率為每秒數公尺。

重力

力與力
可以疊加

斜向兩道力的「合力」
即為平行四邊形的對角線

就算兩道力不在同一條直線上，仍能透過箭矢的疊加來探討兩道力的合力。如左頁圖所示，A車透過纜線與 B、C 兩車連接，並為兩車所牽引拉動，這時A車會朝著所受到的合力方向（右邊）開始移動。若以兩道力為邊，畫出一個平行四邊形的話，其對角線就代表合力的箭矢。

這邊要介紹代表兩力的箭矢疊加時的計算方式。其實不只是力，當速度與加速度的箭矢疊加時，也是透過右

不在同一直線上的兩道力之合力

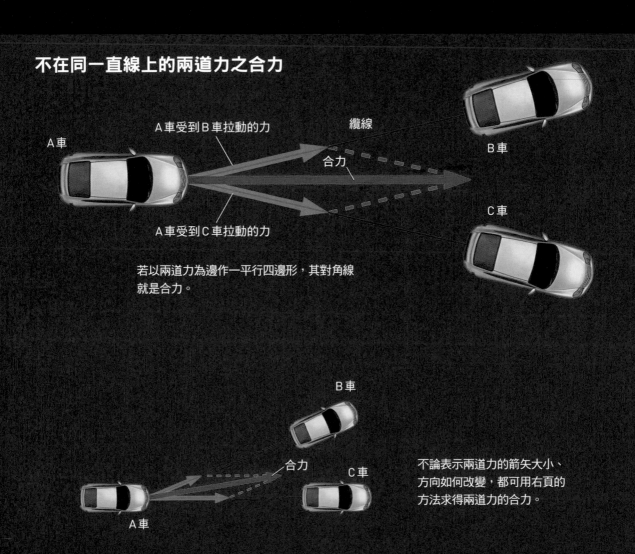

A車受到B車拉動的力

A車

纜線

合力

B車

A車受到C車拉動的力

C車

若以兩道力為邊作一平行四邊形，其對角線就是合力。

B車

合力

C車

A車

不論表示兩道力的箭矢大小、方向如何改變，都可用右頁的方法求得兩道力的合力。

頁圖中的方法作圖。首先把兩個箭矢（綠色箭矢1與綠色箭矢2）的起點（箭矢後端）接合。然後以這兩個箭矢為邊作平行四邊形，並在其對角線上畫一新的箭矢（紅色箭矢），此即為兩箭矢相加的和。

另外，若是將步驟反過來，也可以把一個箭矢拆成兩個。上述箭矢就是所謂的「向量」（vector），乃指具有方向性的物理量，速度、加速度、力等均屬之。

計算兩箭矢疊加的常見方法

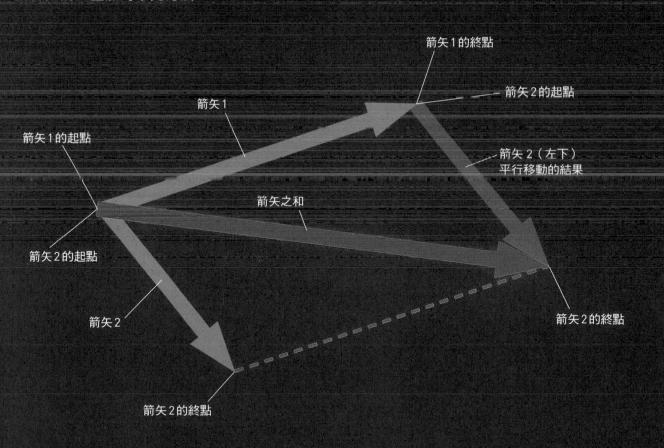

箭矢1的終點

箭矢2的起點

箭矢1

箭矢2（左下）平行移動的結果

箭矢1的起點

箭矢之和

箭矢2的起點

箭矢2的終點

箭矢2

箭矢2的終點

地板總是將上面堆放的物品往回推

重力會被方向相反的力所抵消

想像你正在推動一個書櫃。此時書櫃所承受的力有：推動書櫃的力、重力、地板回頂書櫃的力（正向力），以及地板的摩擦力。

正向力是當兩物體接觸時，沿著接觸面之垂直方向將物體「頂回去」的力。雖然我們經常忽略這個力，但它卻充斥於生活之中。如果物體在垂直方向只受到重力的作用，該物體應該會朝下開始移動（行加速度運動）才對。然而書櫃卻靜止不動。也就是說，有道方向與重力相反的力（正向

書櫃

書櫃承受的重力

地板將書櫃回推的力（正向力）

力）正在作用，並把重力給抵消掉。

　地板為什麼會把書櫃頂回去呢？或許有些人會覺得很不可思議。若以「彈簧力」來看，彈簧若是遭到壓縮，隨著壓縮程度的增加，試圖還原到原狀的力也會增強。同理，書櫃下方的地板就像彈簧一樣，因為受到書櫃重量的下壓力而微微變形。這個變形部分試圖還原而產生的力，就是正向力的來源。

**書櫃在垂直方向
達到力平衡**

地板將書櫃回推的力
（正向力）

互相平衡

書櫃承受的重力

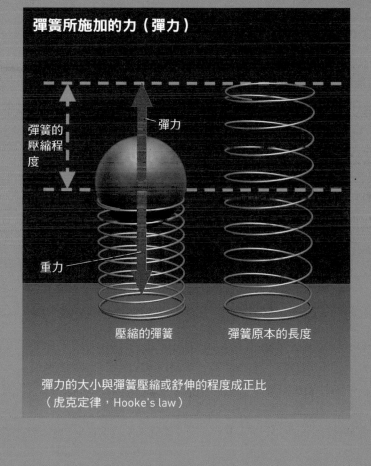

彈簧所施加的力（彈力）

彈簧的壓縮程度

彈力

重力

壓縮的彈簧　　　彈簧原本的長度

彈力的大小與彈簧壓縮或舒伸的程度成正比
（虎克定律，Hooke's law）

移動物體所承受的「摩擦力」

一旦開始移動，磨擦力就會減少

讓我們再以書櫃探討水平方向的受力情況。如果人施加的推力太小，書櫃是不會動的。此時推力會與摩擦力互相平衡，讓合力變為零。

物體於靜止狀態下承受的摩擦力，叫做「靜摩擦力」。書櫃處於靜止狀態時，靜摩擦力會隨著推力的增加而越來越大。不過此大小有上限，如果超過了這個上限（最大靜摩擦力），書櫃就會開始移動。

物體移動時所承受的摩擦力稱為「動摩擦力」。一般來說，動摩擦力

書櫃

推動書櫃的力

與地板間的摩擦力

會比最大靜摩擦力要小。因此，在推動書櫃的過程中，所需的推力在書櫃開始移動前的瞬間達到最大，一旦書櫃開始移動，需要的推力就變小了。

　　另外，物體靜止時所承受的摩擦力方向，與我們推動物體之力的方向相反；移動中物體所受到之摩擦力的方向，則與運動方向相反。

書櫃在水平方向達到力平衡
（當書櫃靜止時）

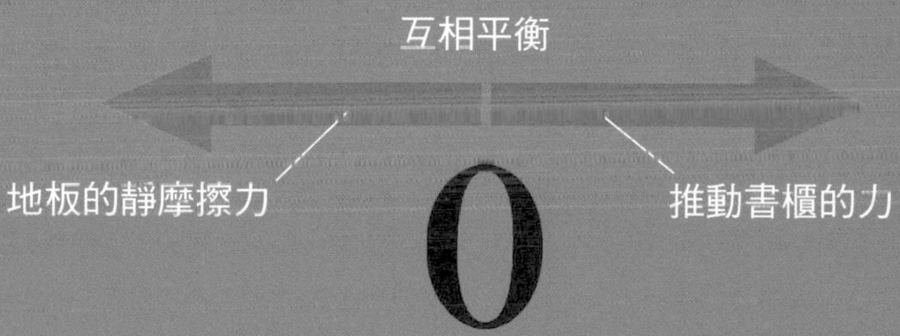

互相平衡

地板的靜摩擦力　　　　　　　　推動書櫃的力

如果沒有摩擦力的話？

要是沒有了摩擦力，許多我們視為理所當然的事情也會變得無法辦到。舉例來說，走路會變得非常困難，開車時就算踩了煞車，也很難讓車子停下。圖釘或是釘子也會變得毫無用處。就算想穿衣服，由於衣服上的纖維間沒有摩擦力，衣服很快就會破損。

於2002年獲得諾貝爾物理學獎的小柴昌俊博士就讀研究所時，曾在一所完全中學（國中與高中同屬一所學校）擔任講師，他問過學生這樣的問題：「要是沒有摩擦力會怎樣？」※他為這個問題設定的答案是「白紙」。要是沒有摩擦力，鉛筆只會在紙上滑來滑去，無法書寫文字。但話又說回來，要是沒有摩擦力，能不能握住鉛筆都是個問題，或許連平穩地坐在椅子上都辦不到。由此可知，摩擦力在大家看不見的地方，默默地支撐著這個世界。

※：《做了，就辦得到》（小柴昌俊著，新潮社）

摩擦力是日常生活中不可或缺的力

若是世界上沒有摩擦力，用筷子夾起食物會變得非常困難。

或許連筷子或盤子都拿不起來吧。沒有了摩擦力，日常生活中的許多動作都無法完成。

何謂「作用與反作用定律」?

每一股力都必定有其反作用力

介紹完了「慣性定律」與「運動方程式」,接下來介紹的是第三個運動定律,也就是「作用與反作用定律」。

　　舉例來說,游泳選手在反身轉向時會對著池壁用力一蹬。此時,游泳者對著牆壁施力,同時也受到來自牆壁的「反作用力」。因為這個反作用力,游泳者才能獲得強勁的動力。棒球打到牆壁後會反彈回來,也是因為反作用力的緣故。

游泳時的反身轉向

牆壁推人的力
(反作用力)

人蹬牆壁的力
(作用力)

可以大致將作用與反作用定律整理如下：「當物體 A 對另一物體 B 施力（作用力），則物體 B 也會對物體 A 施以大小相等、方向相反的力（反作用力）。」

若物體A向物體 B 施以大小100的力，相反地，物體 B 也一定會在正相反的方向上，對物體 A 施以大小100的力。任何力都必定伴隨著反作用力，亦即力一定是以作用力與反作用力的形式成對產生的。

那麼，人走路的時候又是如何呢？走路時腳底會朝地面用力向後蹬。這個動作的反作用力讓我們得以向前行進。而這個反作用力的真實本質，就是第38～41所介紹過的摩擦力。也可以說是摩擦力推動我們向前移動。

走路時將人向前推的力是什麼？

車子與船也須仰仗反作用力前進

不只是走路，生活中大部分都要利用反作用力才得以前進。車子仰賴輪胎的旋轉來「踢」地而向前行駛。船則透過螺旋槳將水向後推而巡航前進。飛機也是倚靠噴射發動機等引擎結構，將空氣強烈地向後推，並從反作用力之中獲取推進力。

人腳蹬地面的力
（作用力）

地面推人的力·摩擦力
（反作用力）

力平衡不同於「作用與反作用」

作用與反作用定律乃作用
在兩個不同物體上

<big>在</big>兩道力之中，要分辨「作用力」還是「反作用力」，會根據視角而不同。反作用力並非產生在作用力之後，而是兩者同時產生，意即這兩者是平等的。

另外，作用在沒有接觸之兩物體間的力（超距力），也符合作用與反作用定律。兩塊磁鐵之間的作用力就適用這個定律。同極間的相互排斥力，以及N極與S極之異極間的相互吸引力，兩者之中都存在著作用力與反作

就算分開，作用力與反作用力仍會隔空產生作用

或許跟普遍印象有點出入，然則不是只有磁力的斥力符合作用與反作用定律，其中的引力（相互吸引之力）也受到此定律的影響。超距力之中除了磁力，還有萬有引力、電磁力（庫倫力）等其他力。這些力也都符合作用與反作用定律。

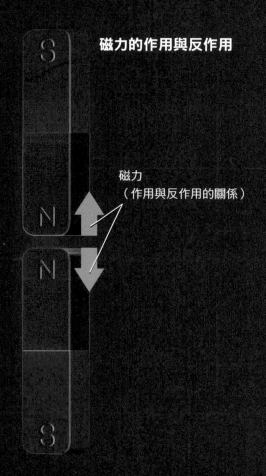

磁力的作用與反作用

磁力
（作用與反作用的關係）

用力的關係。

對於作用與反作用定律，另一個需要注意的點，是關於「力平衡和作用、反作用是不同的」這件事。力平衡是一回事，作用與反作用則又是另一回事，雖從圖示都能看見相同長度的箭矢卻指向相反，很容易搞混，但兩者意義大不相同。所謂力平衡，是指一個物體同時受到大小相等但方向相反的兩道力，因此合力為零的狀態。比如右下圖所示的蘋果，「重力」與「桌子給的正向力」互相平衡。至於作用與反作用定律，是指兩個物體分別受到大小相等但方向相反的力。「桌子給予蘋果的正向力」與「蘋果給予桌子的正向力」，兩者之間才是作用力與反作用力的關係。

容易混淆的力之關係

「力平衡」與「作用與反作用定律」雖是完全不同的兩件事，卻很容易令人混淆，因此要多加注意。力平衡是作用在同一物體上所有力之間的關係，作用與反作用定律則是兩物體所受之力間的關係。若是能像這樣分別的話，就不難理解了。

正向力的作用與反作用

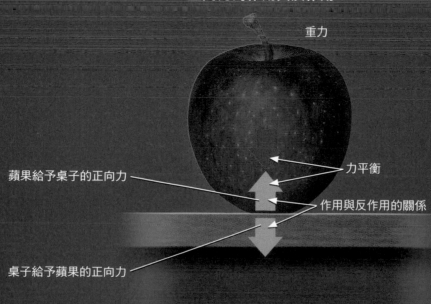

重力

蘋果給予桌子的正向力

力平衡

作用與反作用的關係

桌子給予蘋果的正向力

公車緊急煞車時感受到的是什麼力？

「慣性力」乃源自慣性定律的視覺之力

乘坐轎車、公車或飛機，當司機突然加速時，總會不由自主地後仰靠到椅背（承受與行進方向反向的力），而緊急煞車時又會感覺要從座位上往前衝出（承受朝向行進方向的力），這樣的乘車經驗相信大家一定都體驗過。上述這兩股力即稱為「慣性力」。

當公車以相同速度（等速直線運動）行駛時，我們不會有這種感覺。慣性力只有在搭乘的物體進行加速度運動時才會產生。

當公車突然朝向前方加速，乘客則由於慣性定律還保持加速前較慢的速度，於是就會被公車給拋在後方。如果以車上乘客的視角觀察這個情景，則公車看起來是靜止的，而乘客像是受到朝後之力的作用。這就是慣性力的本質。但當緊急煞車時，情況則剛好相反。

慣性力乃觀察者眼中之力

慣性力是在行加速度運動的空間中（此處以公車車廂為例）因觀察而產生的力。以車外靜止的觀察者視角看來，反倒會覺得物體（乘客）正試圖保持原來的速度。從運動方程式（力＝質量×加速度）來分析的話，因為「加速度＝0」，所以「力＝0」。

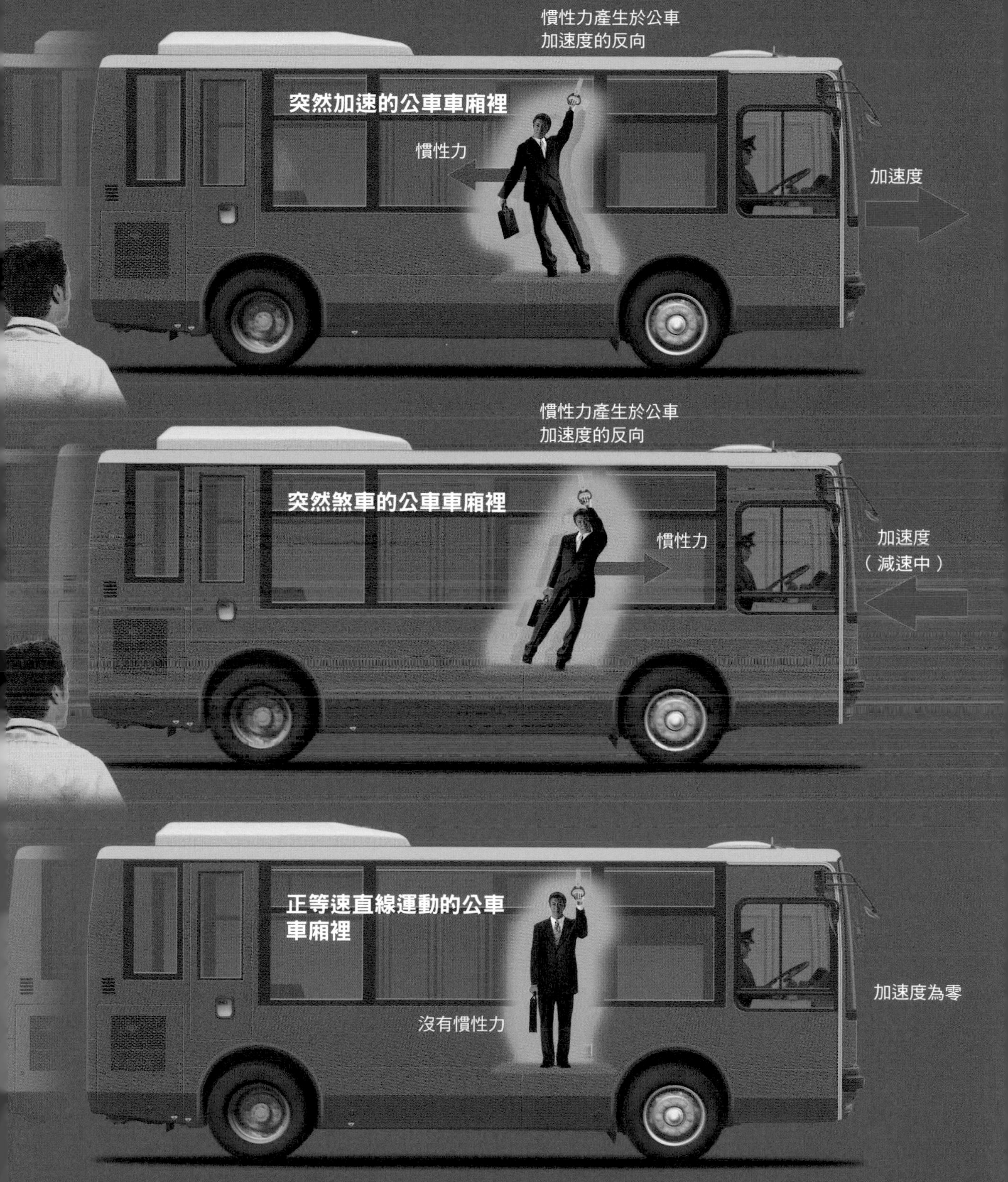

慣性力產生於公車
加速度的反向

突然加速的公車車廂裡

慣性力

加速度

慣性力產生於公車
加速度的反向

突然煞車的公車車廂裡

慣性力

加速度
（減速中）

**正等速直線運動的公車
車廂裡**

沒有慣性力

加速度為零

藉自由落體「消除」重力

大家是否在搭電梯時感到體重彷彿有時重、有時輕的微小變化。這是由於電梯在加速或減速時產生的慣性力所致,造成重力彷彿變得更強或更弱。

實際上在電梯中感覺到的差異雖然非常微小,若是在完全自由落體的情況下,我們應該會覺得重力遭到消除。方向朝上的慣性力,剛好會與重

自由落體電梯

從內部看來呈
無重力狀態

從外面看來,人會行
「落下運動」

從外面看來,推動的球會行
「拋物線運動」

慣性力

重力與慣性力
會互相平衡

重力

電梯的加速度

在電梯中看來,球會以相
同速度向前直進(等速直
線運動)。

力互相抵消。

　　想像一下在以自由落體狀態往下掉的電梯裡，將一顆球往水平方向推動。由於觀察者與電梯一起往下掉，因此在他眼中，球非但不會往下掉落，還會朝著受到推力的方向以相同速度筆直前進。好似球上的重力也遭消除了一般。

　　利用這個原理，我們可以在現實中人為地營造出無重力狀態。方法是搭乘飛機爬升到一定高度之後，讓飛機以類似拋物線的軌跡進行滑降運動（彈道飛行）。這麼一來，滑降的飛機機艙內就形成了無重力狀態的環境。這個方法經常用在太空人的訓練或人造衛星的機器測試。

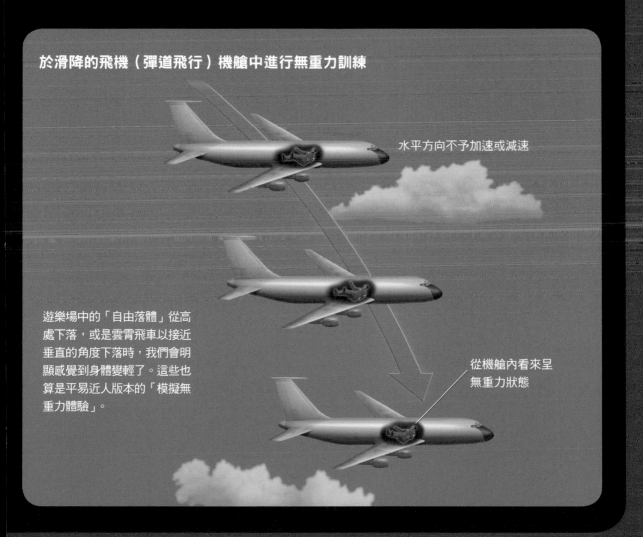

於滑降的飛機（彈道飛行）機艙中進行無重力訓練

水平方向不予加速或減速

遊樂場中的「自由落體」從高處下落，或是雲霄飛車以接近垂直的角度下落時，我們會明顯感覺到身體變輕了。這些也算是平易近人版本的「模擬無重力體驗」。

從機艙內看來呈無重力狀態

成對的物體
都會兩相吸引

不論「上天」或「下地」
「萬有引力定律」都適用

據說牛頓約在1666年的某一天，因為看見蘋果從樹上掉落，從而構想創出「萬有引力定律」[※]。他發現，不只是蘋果的掉落，甚至月球繞著地球旋轉的原因，都是萬有引力所致。

在伽利略與牛頓以前的時代，人們普遍認為月亮、太陽與行星等天體所在的天上世界，物理法則應該異於我們所住的地上世界。牛頓顛覆了這個認知，並將天上與地上的物理學給統一了。

所謂萬有引力，顧名思義就是「存在於萬物（所有物體）之間的吸引力」。在桌上放置兩個蘋果，它們之間也會產生非常微弱的萬有引力而互相吸引。然則由於這個力太過微弱，因此被桌子的摩擦力等等給抵消掉。

※：位於伍爾索普的牛頓故居，庭院裡確實種有蘋果樹。然無法據此判斷故事的真偽。

蘋果

月球

萬有引力

扭秤

小鉛球

大鉛球

大鉛球

小鉛球

因大小兩鉛球之間的萬有引力而
產生扭力，經由測量可以得知這
個扭力的強度。

**桌上的兩顆蘋果之間，也會
因萬有引力而互相吸引**

萬有引力　　萬有引力

摩擦力　　　　　　　　　　　摩擦力

蘋果　　　　　　　　蘋果

由於摩擦力將萬有引力抵消，
故蘋果不會互相趨近。

萬有引力的強度與距離平方成反比

如果距離增加，強度就愈趨減弱

牛頓認為，物體之間的距離若是變為原來的兩倍，萬有引力的大小就會變為 4 分之 1（2^2分之 1）。換句話說，他認為萬有引力的強度會「隨距離平方反比而越變越弱」。這就是所謂的「平方反比定律」。

平方反比定律在自然界中並不罕見，比如說（從點狀光源所發出的）光亮度也符合這個定律。若是把電燈泡所發出的光想像成是無數條光線（如下圖），則通過平面 A（距離 1）和平面 B（距離 2）的光線，其「數

光亮度與距離平方成反比的理由

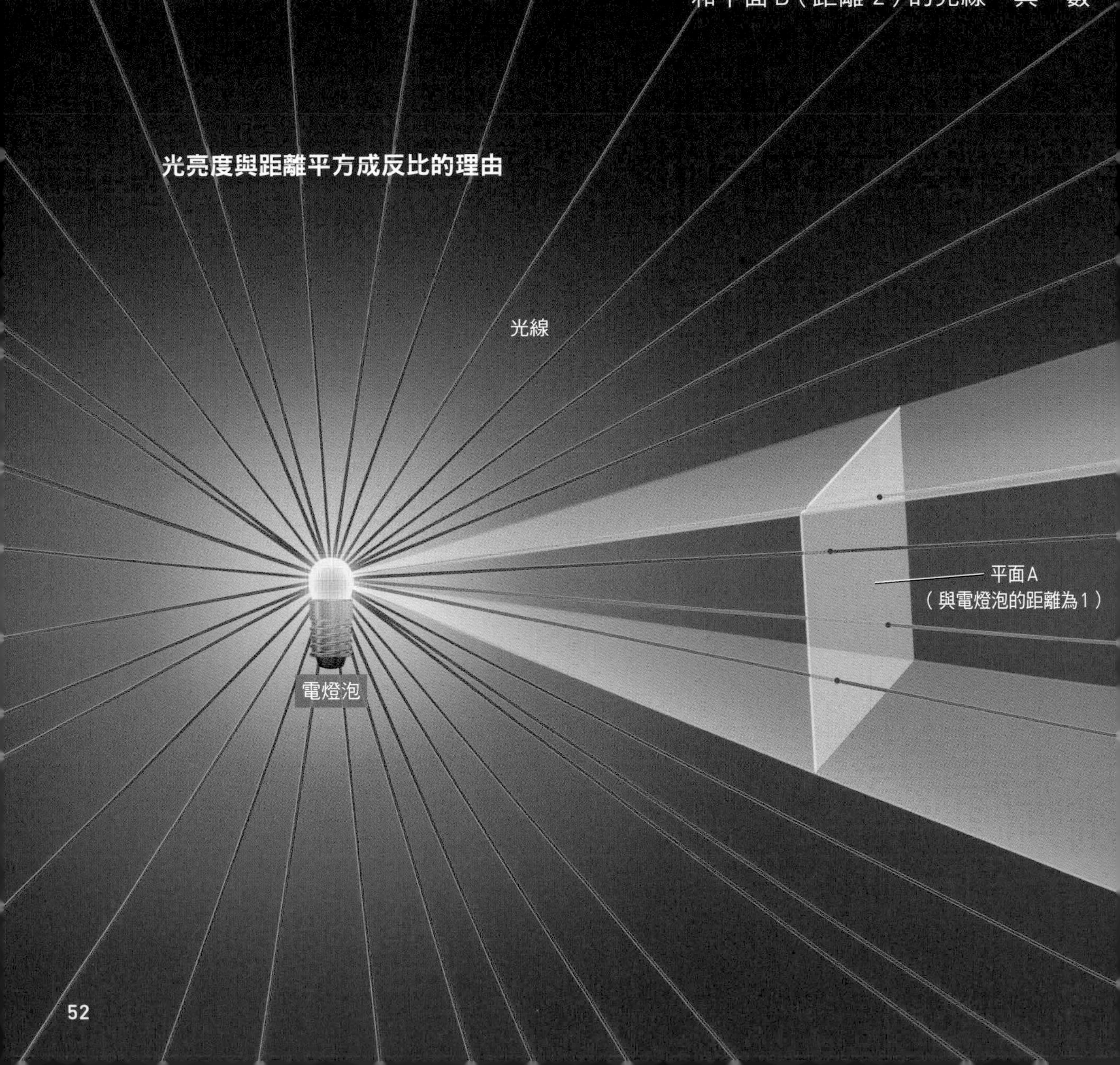

光線

平面A
（與電燈泡的距離為1）

電燈泡

量」會是相同的。然而，若論這些穿過平面的光線「密度」，則平面 B 上的密度會是平面 A 的 4 分之 1（2^2分之 1）。由於照到平面的光線密度相當於該位置的光亮度，所以平面 B 上的亮度也會是平面 A 的 4 分之 1（2^2分之 1），換句話說，會與距離的平方成反比。

萬有引力也是這樣。如果把地球發出的引力想像成是無數條「力線」，就可以用平方反比定律來解釋了。

平面 B
（與電燈泡的距離為 2）

力線

地球

光線

平面 B 的面積是
平面 A 的 4 倍
↓
光線的密度為 4 分之 1

把萬有引力想像成「力線」

此處把萬有引力想像成是從地球射出的無數條「力線」。如果與光線的情況類比，就可以明白萬有引力符合平方反比定律的原因。

萬有引力發自
地球何處？

可將總體質量集中於
物體中心來計算

萬有引力定律可以由左下方的公式來表示。這個公式代表「兩物體之間作用的萬有引力，與各自質量成正比，並與物體間的距離平方成反比」。

然則公式中「物體間的距離 r」，是指從哪裡到哪裡呢？

若把地球分解成無數個微小的「顆粒」，那麼這些顆粒每一粒都會成為萬有引力的源頭。若想得簡單一點的話，欲得知蘋果受到發自地球的萬有引力，就應該要一一計算這些顆粒所

萬有引力定律

G 是常數，又稱為萬有引力常數。
$G = 6.67×10^{-11}$ 〔N・m²/kg²〕。
〔 〕裡代表單位。

$$萬有引力 = G\frac{Mm}{r^2}$$

質量 m

萬有引力

質量 M

距離 r

賦予的萬有引力，再將這些力的合力
予以加總（如下圖）。

　　幸運的是，這種麻煩的計算過程其
實是不必要的。如果我們假設地球的
總質量都集中於地球中心，依此思維
來計算蘋果所受到的萬有引力，會得
到一樣的結果。因此萬有引力公式中
的「距離 r」，可以視為「與地球中心
的距離」。

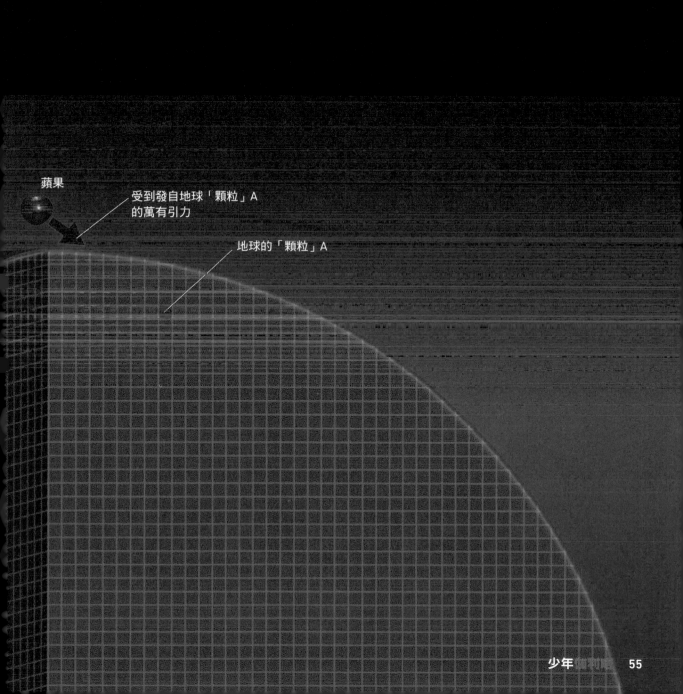

蘋果

受到發自地球「顆粒」A
的萬有引力

地球的「顆粒」A

月球總是朝著地球不斷「落下」

邊落下邊與地球保持固定距離

如果朝斜上方丟擲一顆球，則該球會沿著拋物線移動，達到頂點之後再朝下掉落（左頁）。

要是沒有萬有引力（重力），球在丟出之後應該會依照慣性定律，朝著斜上方筆直前進。但實際上，因受到萬有引力的影響，球的軌跡會比上述軌跡的位置還要低。如果把這個現象稱為「落下」，那麼球從丟出的瞬間，就處於「落下」的狀態了。

接著來討論圓周運動。要是沒有地球的萬有引力，月球應該會依照慣性

將球朝斜上方丟出（拋物線運動）

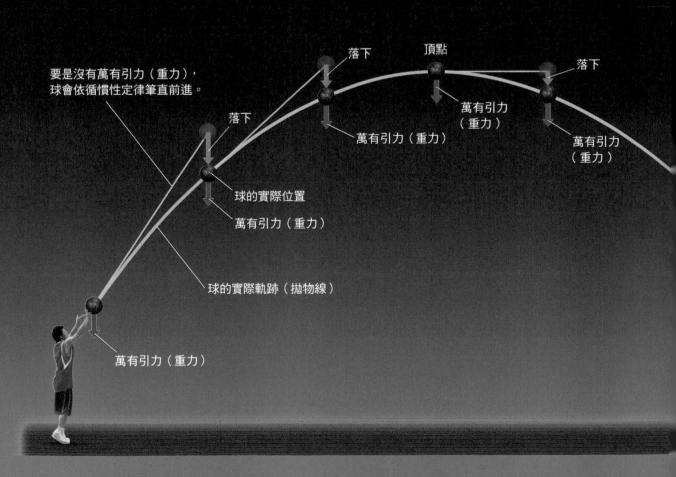

要是沒有萬有引力（重力），球會依循慣性定律筆直前進。

落下

落下

頂點

落下

萬有引力（重力）

萬有引力（重力）

萬有引力（重力）

球的實際位置

萬有引力（重力）

球的實際軌跡（拋物線）

萬有引力（重力）

定律，保持著原本的運動速度與方向，持續不斷地向前移動。然而事實上，月球會受到萬有引力影響而改變前進方向。筆直路線與實際軌跡之間的差距，就是月球不斷「落下」的結果。也就是說，月球一邊不斷地「落下」，一邊保持著與地球的距離，因此不會墜落到地球上。

月球持續不斷「落下」

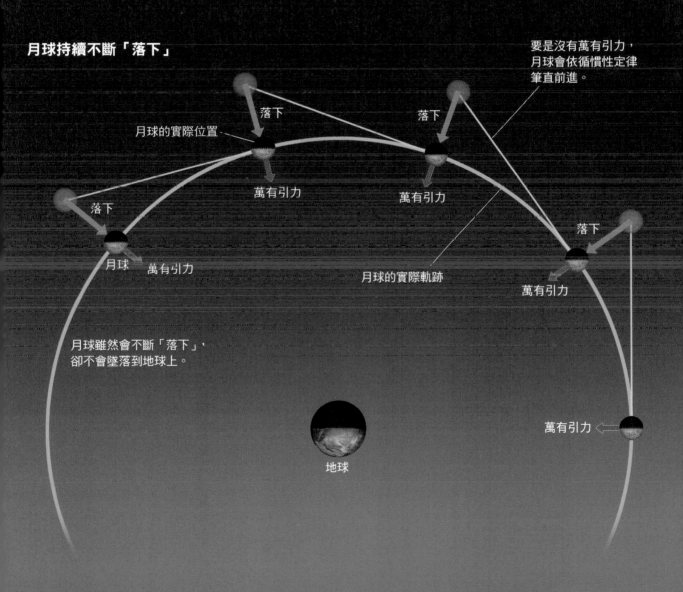

要是沒有萬有引力，月球會依循慣性定律筆直前進。

落下

月球的實際位置

落下

落下

萬有引力

萬有引力

落下

月球

萬有引力

月球的實際軌跡

萬有引力

月球雖然會不斷「落下」，卻不會墜落到地球上。

萬有引力

地球

成為人造衛星時的速度「第1宇宙速度」

能與地面維持固定距離飛行的速度

將球丟出後，球會因受到重力影響而劃出拋物線軌跡，最後落回地面上。那麼，若是球速持續不斷增加的話呢？球的掉落地點會越來越遠。而由於地球是球體，地面並不完全是平坦的，而是有著些微的曲度。如果球速提升到夠快，讓它飛得夠遠的話，地面的曲度就無法再忽視了。從球的角度來看，地面就像是「下降了」一般。

若是再把速度提升，令球「落下」

如何成為「人造衛星」？

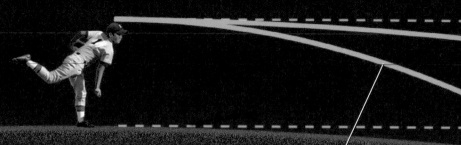

如果速度太慢，球的軌跡會觸及地面（落回地面）

以超高速前進的話就能成為「人造衛星」

速度不夠的話就會落回地面

的幅度與地面下降曲度一致的話，球與地面的距離就永遠不會縮小。球與地面維持固定距離而繞著地球運動，也就是成為「人造衛星」（忽略空氣阻力與地形高低起伏）。此時的速度稱為「第 1 宇宙速度」，秒速大約是每秒7.9公里。

若是再將速度予以提升至每秒11.2公里的話，物體甚至能夠擺脫地球的重力揚長而去。這個速度稱為「第 2 宇宙速度」，又稱為「脫離速度」。

然而即使離開地球，物體仍處在太陽重力的影響範圍。如果要更進一步擺脫太陽的重力，飛到太陽系之外，需要的速度大約是每秒16.7公里。這個速度稱為「第 3 宇宙速度」。

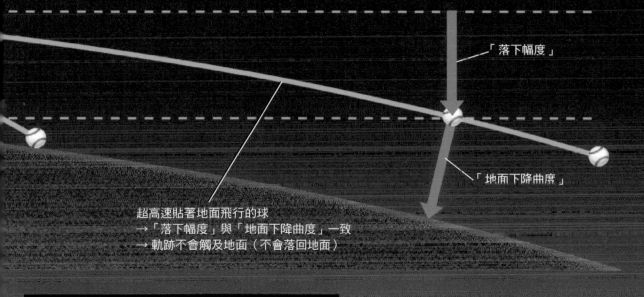

「落下幅度」

「地面下降曲度」

超高速貼著地面飛行的球
→「落下幅度」與「地面下降曲度」一致
→ 軌跡不會觸及地面（不會落回地面）

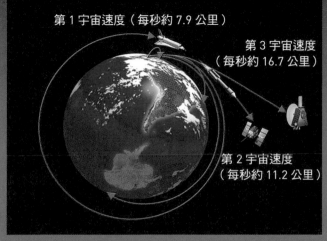

第 1 宇宙速度（每秒約 7.9 公里）

第 3 宇宙速度
（每秒約 16.7 公里）

第 2 宇宙速度
（每秒約 11.2 公里）

火箭發射場址為何要選在赤道附近？

日本的火箭發射場位於鹿兒島縣的種子島和內之浦，美國的則是在佛羅里達州的甘迺迪太空中心，都是靠近赤道的場所。會選在這些地方發射，其中有個理由，即是為了利用地球自轉（方向由西向東）來「賺取」一些速度，更利於達到第 1 宇宙速度。

太空站也受到萬有引力的作用

離心力與萬有引力達到平衡，
所有物體都騰空飄浮起來

國際太空站（ISS）繞著地球進行圓周運動。就像月球一樣，地球所給予的萬有引力乃指向地球中心，成為ISS所受到的向心力。請大家回想一下運動方程式（力＝質量×加速度）。既然受到朝向地球中心的萬有引力，那麼ISS就該因為受到此「力」（方程式左邊）而產生朝向地球中心的「加速度」（方程式右邊第二項）。其實，圓周運動也是一種加速運動。故我們可以從運動方程式得

太空站高度與地球半徑

圓周運動乃加速運動

時刻1時的速度

速度變化（加速度×經過時間）

時刻2時的速度

國際太空站（ISS）

時刻1時的速度

時刻2時的速度

ISS高度：數百公里

萬有引力（向心力）

萬有引力（向心力）

地球剖面

地球半徑：約6400公里

知，ISS加速度的大小等於萬有引力除以其質量之值。

不過圓周運動指的加速運動，不是「速率的增減」（速度大小的變化），而是「前進方向的變化」（速度箭頭指向的變化）。

由於ISS正進行加速運動，從其站內看來，慣性力會作用於指向地球的相反方向（與加速度的方向相反）。此處順便提醒，慣性力請詳見第46～47頁。圓周運動中的慣性力稱作「離心力」。駕車轉彎時，乘客會受到朝向彎道外側的力，這就是離心力。

ISS所承受的離心力剛好與地球的萬有引力達到平衡，故兩者的影響也會因此而相互抵消，站內於是形成無重力狀態。

在國際太空站內騰空飄浮的太空人（無重力狀態）

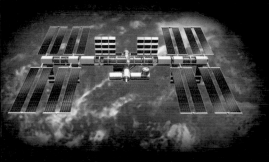

國際太空站（ISS）

離心力（慣性力）

萬有引力遭離心力抵消，形成無重力狀態

地球的萬有引力

汽車轉彎時產生的離心力

離心力（慣性力）

汽車速度

離心力
（與加速度方向相反）

ISS

萬有引力
（向心力）

註：汽車的情況與太空站不同，在抵消離心力的方向（將彎道視為圓的一部分，朝圓心方向）上是不受力的。

破解行星運動的「克卜勒3大定律」

牛頓力學的正確性
得到支持

德 國天文學家克卜勒（Johannes Kepler，1571~1630）對行星的運動提出「克卜勒3大定律」，也就是「行星運行的軌道為橢圓形，太陽位於其一焦點」（第1定律），「太陽和行星的連線在一定時間掃過的面積相等」（第2定律），「各個行星公轉週期的平方與其軌道半長軸立方的比值為常數」（第3定律）。

克卜勒3大定律是以天文觀測為基礎的經驗法則。他雖然針對這些定律成立的原因進行研究，卻未能得出正

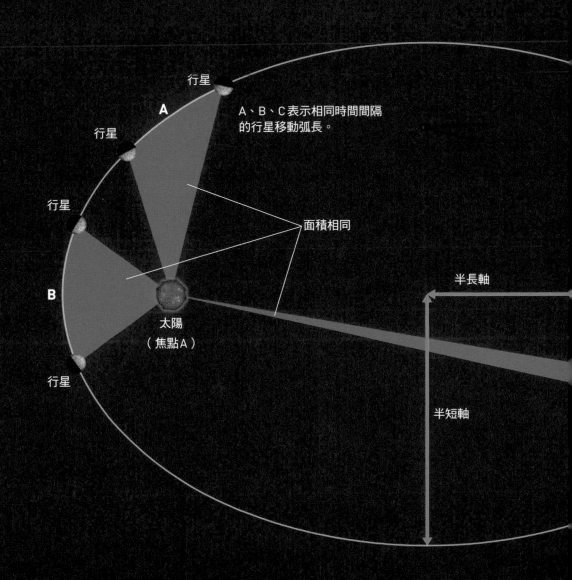

行星

A

A、B、C表示相同時間間隔的行星移動弧長。

行星

行星

面積相同

B

半長軸

太陽
（焦點A）

半短軸

行星

確的結論。

　另一方面，牛頓以「萬有引力與距離的平方成反比」為出發點，以自己所打造出的力學為根基，試著計算出行星的運動情形。結果他成功的從理論中推導出當時已發現的克卜勒3大定律。牛頓力學和萬有引力定律遂因為這個結果，在科學界獲得了極高的評價。

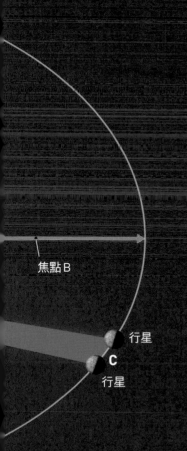

焦點B

行星

C

行星

克卜勒

克卜勒第一定律

🪐 **行星運行的軌道為橢圓形，太陽位於其一焦點**
太陽系行星實際繞行太陽的軌道形狀，雖然與圓形很相近，但其實呈壓扁的圓（橢圓）形（圖示稍有誇飾）。太陽處於橢圓兩焦點其中一個的位置。圓（正圓）可視為橢圓的一個特例。

克卜勒第二定律

🪐 **太陽和行星的連線在一定時間掃過的面積相等〔面積速度固定〕**
圖中三個粉紅區塊的面積都相同。與太陽距離越近，萬有引力就越強，因此行星的運動速度會變快。另一方面，與太陽距離越遠，萬有引力就越弱，因此行星的運動速度會變慢。

克卜勒第三定律

🪐 **各個行星公轉週期的平方與其軌道半長軸立方的比值為常數**

透過雲霄飛車
來討論能量

能量的種類
可以轉換

能量可以理解為「產生力並引起物體運動的潛在能力」。而能量總和有維持定值且不會發生變化的性質。這就是所謂「能量守恆定律」。

打撞球時，若是令球A以一定速度撞擊球B，球B會因受力而彈開。這時球A就具有產生出力的潛在能力，這就是「動能」。動能的大小取決於質量以及速率，以「$\frac{1}{2}$×質量×（速率）^{2}」的方式計算

現在以雲霄飛車為例子。當車身從

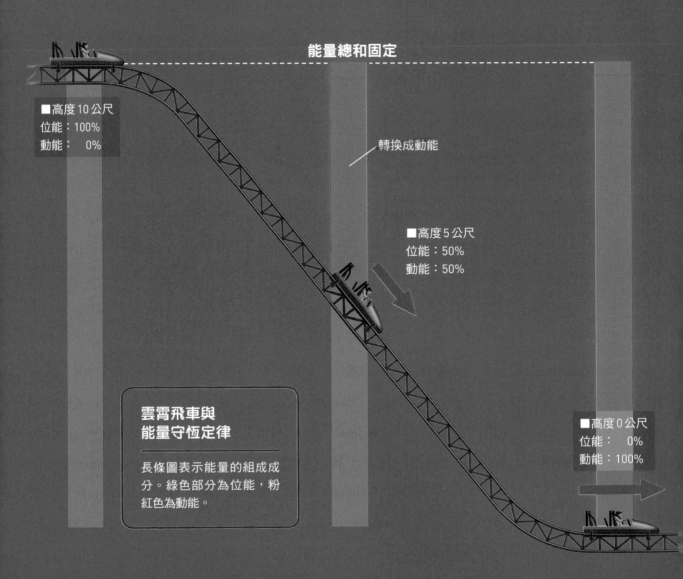

能量總和固定

■高度10公尺
位能：100%
動能： 0%

轉換成動能

■高度5公尺
位能：50%
動能：50%

■高度0公尺
位能： 0%
動能：100%

**雲霄飛車與
能量守恆定律**

長條圖表示能量的組成成分。綠色部分為位能，粉紅色為動能。

斜坡上滑降時，速率會因為重力而增加，並獲得動能。而當車身位於高處時，則會因為所處的高度而獲得「位能」，這個位能可在運動過程中轉換為動能。位能可以解釋為重力帶來的能量，以「重力×高度（＝質量×重力加速度×高度）」的方式計算。

若是斜坡的摩擦力可以忽略，那麼根據能量守恆定律，雲霄飛車的動能與位能總和應該會保持固定。因此只要斜面的高度不變，不管路徑的形狀如何改變，在高度為0公尺時的速度都是相同的（如右圖）。

雲霄飛車的最高速度，取決於初始高度

雲霄飛車在抵達斜坡底部時會達到最高速度，而且只要斜坡的高度不變，不管斜坡的形狀為何，最高速度都是一樣的。由於位能會全部轉換為動能（速率），如果原木的位能（斜坡的高度）一樣，最後達到的速度也會一樣。

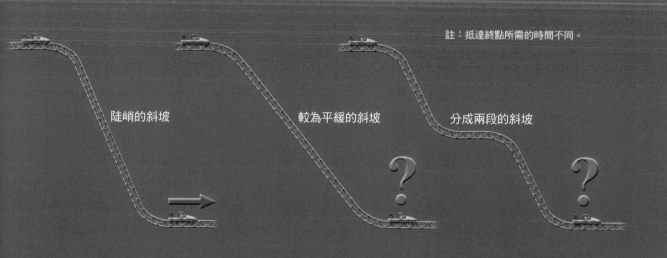

註：抵達終點所需的時間不同。

陡峭的斜坡　　　　較為平緩的斜坡　　　　分成兩段的斜坡

鐵鎚敲打釘子時的「作功」

鐵鎚的動能會對釘子作功

在物理學中，我們會把施力使某物體移動的情形稱為「作功」。物體可以因為受到外力的作用而獲得能量（動能）。此時「力×（施力的距離）」就是作功的大小。

　　舉例來說，若是對靜置在地板上的物體持續施力，並且讓它在地板上滑動（如左頁上段圖）。假設摩擦力可以忽略。最初為靜止的物體，在承受作功之後得到速度。也就是說，作功使物體得到了能量（動能）。不過如

沿水平方向拉動物體時的作功

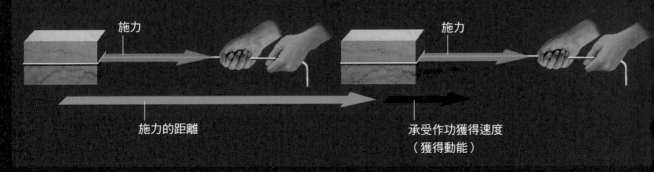

施力

施力

施力的距離

承受作功獲得速度
（獲得動能）

斜向往上拉動物體時的作功

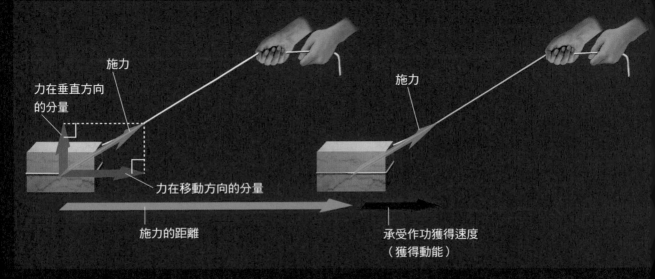

施力

力在垂直方向
的分量

力在移動方向的分量

施力

施力的距離

承受作功獲得速度
（獲得動能）

果是像左頁下段圖，施力與移動兩者方向不同的情況下，作功就會是「（力在移動方向的成分）×（施力的距離）」。

我們也可以使用能量進行作功。若以鐵鎚敲打釘子來說，就是使用動能去對釘子作功（如右頁圖）。此時主要是以敲打釘子前一瞬間鐵鎚本身帶有的動能去對釘子作功，將它打進木材裡。另外，能量與作功的總和是不變的（能量守恆定律）。

以能量進行「作功」

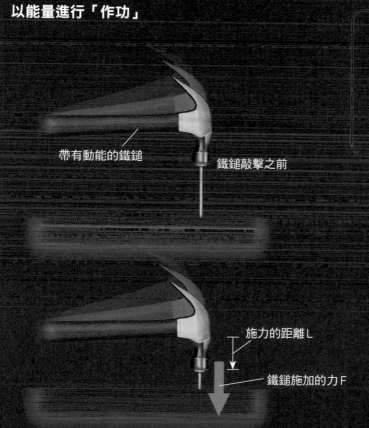

帶有動能的鐵鎚

鐵鎚敲擊之前

施力的距離 L

鐵鎚施加的力 F

鐵鎚敲打釘子時的作功

用鐵鎚敲打釘子的時候，是以動能去對釘子作功。假設鐵鎚的施力是 F，施力的距離為 L，則鐵鎚所作的功就是 F×L。

鐵鎚所作的功 ＝ F×L

不必費力就能抬起重物的「滑輪」

利用力的性質來將力放大

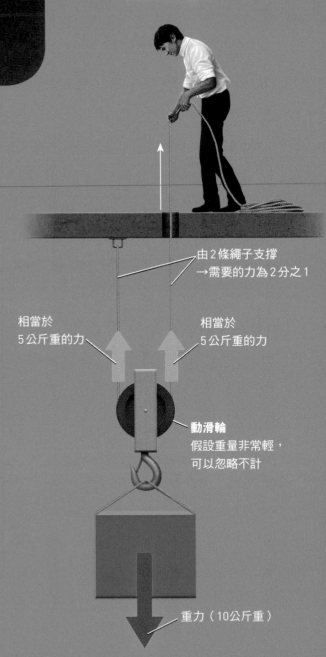

滑輪只用較小的力就能抬起重物

「滑輪」是個非常方便的工具，巧妙地利用力的性質，自古以來就為人所用。藉由滑輪可將微小的力轉成較大的力來使用。

假設我們使用一個能上下自由移動的滑輪（動滑輪）來抬起10公斤重的物體（如左頁圖）。在此情況下，兩邊繩子各需分擔相當於 5 公斤重的拉力（假設動滑輪的重量可以忽略）。由於支撐的繩子有 2 條，因此只需要10公斤一半的力。

如果使用了 5 個動滑輪，分析的方式也是一樣。由於是以10條繩子去支撐10公斤的重量，因此抬起重物所需要的力是原本的10分之 1，只要 1 公斤就夠了（如右頁上圖）。吊車也是應用動滑輪的原理，藉數個滑輪將鋼架等重物抬起。

不過，雖然滑輪可以讓需要的力減半，相對需要拉動的距離卻會變成 2 倍。在左頁圖中，如果要將物體抬高10公分，就需將繩子延長至20公分的距離。

由2條繩子支撐
→需要的力為2分之1

相當於
5公斤重的力

相當於
5公斤重的力

動滑輪
假設重量非常輕，可以忽略不計

重力（10公斤重）

應用動滑輪來抬起重物

左圖中，抬起10公斤重物體所需的力是原本的 2 分之 1，即 5 公斤重的力。然而，要將物體抬高10公分，需要將繩子拉動 2 倍的距離，即20公分。

如果施力是10分之 1 的話，就需要拉動10倍的距離

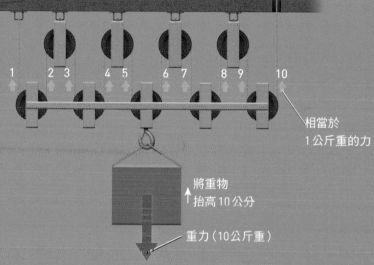

以 10 條繩子支撐 10 公斤的重量
→需要的力為 10 分之 1

物體想要抬高10公分，繩子就要拉動100公分

相當於 1 公斤重的力

將重物抬高10公分

重力（10公斤重）

吊車也用到滑輪

數個動滑輪

古人也會使用的便利工具 ——「槓桿」

雖所需之力減少，但不代表能夠節省能量

另一個運用力的例子，就是「槓桿」這個方便的工具。與滑輪相同，槓桿也可以將較小的力放大。

槓桿的構成包括支點（支撐槓桿之處）、施力點（施加力量之處）與抗力點（力作用之處）。假設支點到施力點的距離是支點與抗力點間距的 5 倍，那麼10公斤重的物體只需要其 5 分之 1，也就是 2 公斤重的力就能抬起來（如左頁下圖）。日常生活中的許多實用工具，如剪刀、拔釘鉗、翹

槓桿也能夠用較小的力抬起重物

下圖中，欲抬起10公斤重物體所需之力，是原本的 5 分之 1，也就是 2 公斤重。然而，要將物體抬高10公分，需要將槓桿下壓 5 倍的距離，即50公分。想讓產生的能量大於投入的能量，不論滑輪或槓桿都不可能做到。

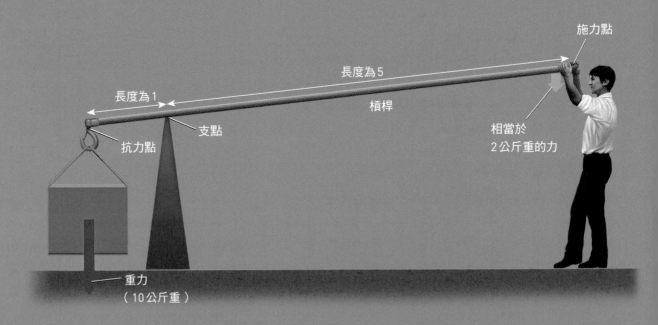

施力點

長度為5

長度為1

槓桿

支點

相當於
2公斤重的力

抗力點

重力
（10公斤重）

翹板等，都用到槓桿。

　　然而，就像滑輪一樣，如果要把抬起物體所需的力減少到 2 分之 1，那麼施力的距離就需要增加為原來的 2 倍。無論滑輪或是槓桿，「力×（施力的距離）＝能量的增加量」這個關係式都成立。當給予物體相同的位能時，如果要減少施力，那施力的距離就需要增長。不管滑輪或槓桿，雖然能夠讓使用者省力，卻不能令其節省能量。

日常生活中用到槓桿的工具

以下是幾個生活中應用槓桿的工具。施加於各個工具施力點上的力，經過放大，會在抗力點形成較大的力，並產生作用。除此之外，指甲剪、鉗子等居家常用的工具，也都應用到槓桿。

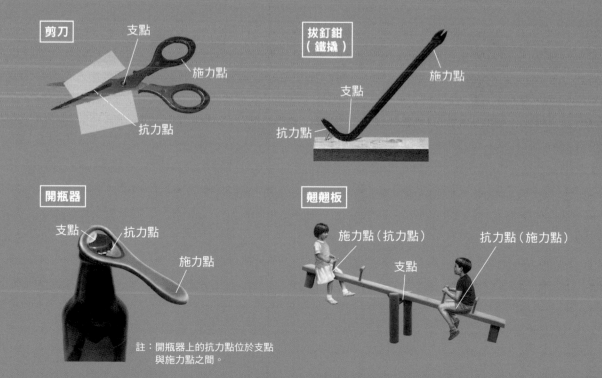

剪刀　支點　施力點　抗力點

拔釘鉗（鐵撬）　施力點　支點　抗力點

開瓶器　支點　抗力點　施力點

註：開瓶器上的抗力點位於支點與施力點之間。

翹翹板　施力點（抗力點）　抗力點（施力點）　支點

力學上的「動量」由「質量×速度」決定

**接捕棒球時，
究竟發生了什麼事？**

當手套接住棒球時，捕手如果感覺到「球很有力道」，應可斷定投手的球速非常快。而在球速不變的情況下，如果球中灌有很重的鉛，雖然此舉違規，不過比起較輕的正規用球，灌鉛的球應該更能讓捕手感覺到球質的勁道。

物理學將「動量」視為運動力道的指標。動量可用「質量×速度」來表示。也因具有方向性，故以箭矢來表示。動量的疊加也可以用箭矢的相加（即向量加法）來解釋。

球的力道（動量）取決於什麼？

投手

而動量的變化符合「動量變化量
＝力×（施力時間）」關係式，且式
子右邊的「力×（施力時間）」又稱
為「衝量」。力量越大，施力時間越
長，動量的變化量就會越大。

　捕手接球的動作，可以解釋成捕手
的手（手套）對棒球施加與其前進方
向相反的力，使球動量減低至零（速
度變為零）的過程。

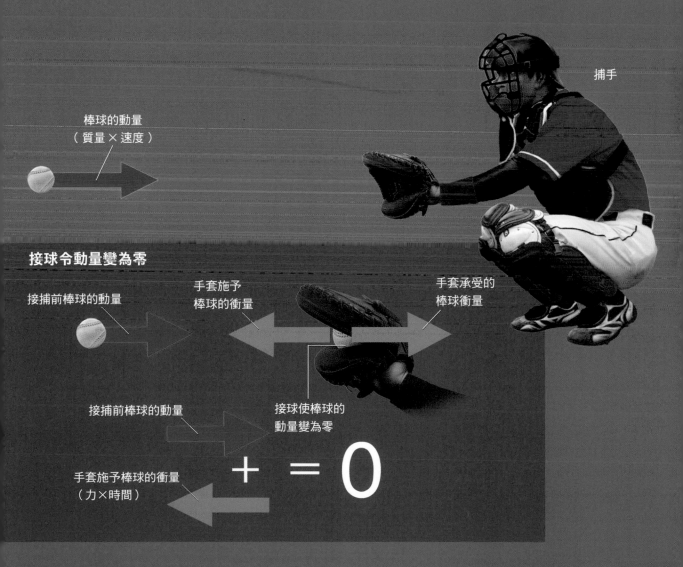

捕手

棒球的動量
（質量×速度）

接球令動量變為零

接捕前棒球的動量

手套施予
棒球的衝量

手套承受的
棒球衝量

接捕前棒球的動量

接球使棒球的
動量變為零

手套施予棒球的衝量
（力×時間）

＋　＝0

火箭發射原理與「動量守恆定律」

前進的幅度，取決於
噴射氣體的動量

動量具有下述性質，亦即「兩個物體間互相施力，則其前後動量總和維持不變」。換句話說，「互相施力前的動量總和＝互相施力後的動量總和」。這就是所謂的「動量守恆定律」。

火箭推進正是運用了上述的性質，藉著向後噴射燃燒的氣體來獲得推力。向後噴射的氣體有多少動量，火箭就能獲得等同的前進動量。人造衛星的轉向，以及太空人在太空漫步時的移動，都仰賴氣體噴射的原理。

NASA（美國航太總署）於甘迺迪太空中心發射太空梭「奮進號」。輔助火箭猛烈地向下噴出燃燒氣體，並從這些氣體的動量獲得向上推進的動量。

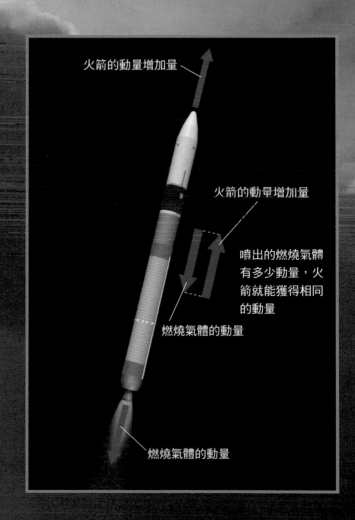

火箭的動量增加量

火箭的動量增加量

噴出的燃燒氣體有多少動量，火箭就能獲得相同的動量

燃燒氣體的動量

燃燒氣體的動量

逐漸明白牛頓力學的極限

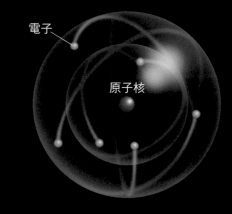

牛頓力學對於原子的想像示意圖

電子

原子核

20 世紀初，物理學迎來了兩場革命。「量子論」與「相對論」陸續登場。

量子論對於正確理解原子層級的微觀世界是非常必要的。隨著量子論問世，我們也認知到在原子層級的世界裡，牛頓力學不再適用。

另一方面，相對論指出時間與空間會有膨脹和收縮的現象。也由於相對論的問世，我們因此得知在接近光速（秒速約30萬公里）的運動中，或是在黑洞之類重力極強的物體附近，牛頓力學或萬有引力定律不再準確。

因此，牛頓力學不再是放諸四海皆準的「終極理論」。但是不可抹煞地，牛頓所創建的，仍然是對後世物理學界產生巨大影響的偉大理論。

牛頓力學不再適用於接近光速的運動（相對論）

牛頓力學認為，時間的流逝在任何條件下都是固定不變的。然而相對論告訴我們，在速度接近光速的運動中，時間的流逝會減緩。

以接近光速之勢降落的宇宙射線粒子

地球

牛頓力學不再適用於微觀世界中
（量子論）

現在我們已經知道，「電子繞著原子核運動」
這種根據牛頓力學中太陽系各行星公轉軌道
一般的原子模型（拉塞福原子模型）是不準
確的。我們已透過量子論而能了解原子內的
正確樣貌。

量子論建構的原子模型

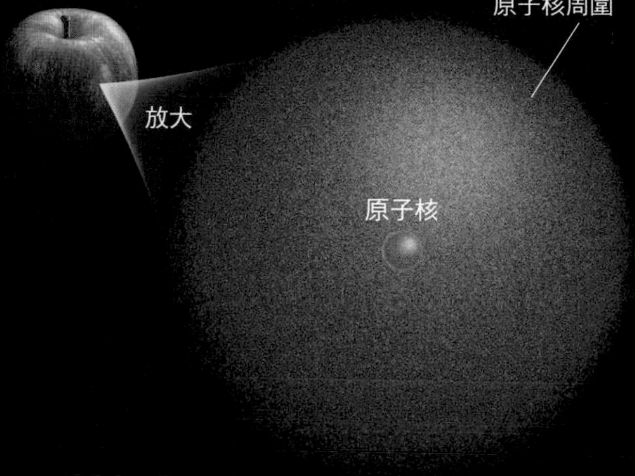

電子像雲霧般籠罩
原子核周圍

放大

原子核

牛頓力學不再適用於重力很強的天體附近
（相對論）

根據相對論，在黑洞這種具有極強重力的天體（質量很大的
天體）附近，時間的流逝速度會減緩。另外，在這些地方，
重力將不再遵循牛頓的萬有引力定律。

重力非常強大
的黑洞

至 此《物理：力學篇》就將告一段落，大家覺得怎麼樣呢？

重力自然不用說，其他如摩擦力、正向力、慣性力等諸多不同種類的力，其實就充斥於你我周遭各個角落。讀完這本書之後，是否會覺得這些力對生活有著重大的影響，進而認為力學是一門非常重要的學問呢？

物理學中雖然會出現許多看起來很複雜的公式，但只要花時間慢慢地去理解，相信一定能迎刃而解。

希望各位讀者能以這本書為契機，在國高中階段好好學物理，可再參考人人伽利略11《國中·高中物理：徹底了解萬物運行的規則！》。

少年伽利略 11

相對論
從13歲開始學相對論

　　大家都聽過相對論，但不一定知道相對論在講什麼。愛因斯坦提出相對論，顛覆了世人對時間、空間的概念。時間的流逝速度為什麼會不一樣？重力又會對時間空間帶來什麼影響？

　　本書透過清楚的圖解，讓國高中生也可以掌握到相對論的基本概念，13歲就可以開始熟悉相對論的思維方式，開拓學習物理的視野！

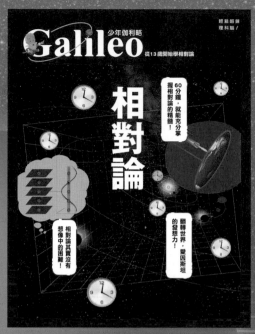
少年伽利略 12

量子論
從13歲開始學量子論

　　量子論問世後，為我們的生活開創了嶄新的局面，是物理學最抽象難懂的領域，古典物理學的法則在此並不管用。

　　也由於量子論的廣泛運用，使得不管是對化學、光學、資訊等高科技領域感興趣，都要具備對量子論的基本理解與素養，想要學量子，越早學習越好！

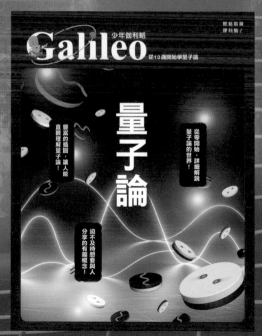

【 少年伽利略 15 】

物理力學篇
60分鐘學基礎力學

作者／日本Newton Press
執行副總編輯／陳育仁
翻譯／馬啟軒
編輯／林庭安
商標設計／吉松薛爾
發行人／周元白
出版者／人人出版股份有限公司
地址／231028 新北市新店區寶橋路235巷6弄6號7樓
電話／（02）2918-3366（代表號）
傳真／（02）2914-0000
網址／www.jjp.com.tw
郵政劃撥帳號／16402311 人人出版股份有限公司
製版印刷／長城製版印刷股份有限公司
電話／（02）2918-3366（代表號）
經銷商／聯合發行股份有限公司
電話／（02）2917-8022
第一版第一刷／2021年12月
定價／新台幣250元
　　　港幣83元

國家圖書館出版品預行編目（CIP）資料

物理力學篇：60分鐘學基礎力學
日本Newton Press作；
馬啟軒翻譯. -- 第一版. --
新北市：人人出版股份有限公司, 2021.12
面；公分. —（少年伽利略；15）
ISBN 978-986-461-266-6（平裝）
1.物理學 2.力學

330　　　　　　　　　　　　110017912

NEWTON LIGHT 2.0 BUTSURI
RIKIGAKUHEN
Copyright © 2020 by Newton Press Inc.
Chinese translation rights in complex
characters arranged with Newton Press
through Japan UNI Agency, Inc., Tokyo
www.newtonpress.co.jp

Staff

Editorial Management　　木村直之
Design Format　米倉英弘 + 川口 匠（細山田デザイン事務所）
Editorial Staff　　上月隆志，加藤 希

Photograph

74～75　　NASA/Sandra Joseph-Kevin O' Connell

Illustration

Cover Design　　宮川愛理
2～5　　Newton Press
5　　　小﨑哲太郎
6～7　　Newton Press
7　　　小﨑哲太郎
8～9　　Newton Press
10～13　富﨑 NORI
14～17　Newton Press
18～21　富﨑 NORI
22～23　Newton Press
24～25　Rey.Hori
27　　　富﨑 NORI，Newton Press
28～29　小林 稔
30～39　Newton Press

40～41　funny face/stock.adobe.com
42～45　Newton Press
46～47　Newton Press，本園帥芳
48～49　木下真一郎
50～51　小林 稔
52～59　Newton Press
60～61　木下真一郎
62～63　Newton Press
63　　　小﨑哲太郎
64～73　Newton Press
75　　　Newton Press
76～77　小林 稔